【书本科技馆】

环境危机

·干涸的世界·

[英] 史蒂夫·帕克尔 编著
中国科协青少年科技中心 组织翻译
田丽红 译 张景华 审校

科学普及出版社
·北 京·

图书在版编目(CIP)数据

干涸的世界/［英］帕克尔编著；田丽红译．—北京：
科学普及出版社，2014
（环境危机）
ISBN 978-7-110-06007-0

Ⅰ.干... Ⅱ.①帕...②田... Ⅲ.水资源-资源保护 Ⅳ.TV213.4

中国版本图书馆CIP数据核字（2008）第198325号

著作权合同登记号：01-2008-3112

出版人 苏青
策划编辑 肖叶 单亭
责任编辑 梁军霞
封面设计 阳光
责任校对 王勤杰
责任印制 马宇晨
法律顾问 宋润君

科学普及出版社出版
北京市海淀区中关村南大街16号 邮政编码:100081
电话：010-62103206 传真：010-62183872
科学普及出版社发行部发行
北京盛通印刷股份有限公司印刷
*
开本：787毫米×1092毫米 1/16 印张:2 字数:50千字
2014年1月第3版 2014年1月第1次印刷
ISBN 978-7-110-06007-0/TV·5
印数:1－10000册 定价:12.00元
（凡购买本社的图书，如有缺页、倒页、脱页者，本社发行部负责调换）

GREEN FILES

THIRSTY WORLD

目录

简介……………………5

水循环…………………6

我们的蓝色星球…………8

水资源………………… 10

水的运输……………… 12

家庭用水……………… 14

看不见的水资源利用 … 16

污水…………………… 18

安全饮用……………… 20

水的净化……………… 22

水灾…………………… 24

旱灾…………………… 26

非传统意义上的水…… 28

水的未来……………… 30

词汇表………………… 31

索引…………………… 32

世界上最干旱的地方就是沙漠，并且它们正以很快的速度蔓延，这种现象部分归因于气候变化引起降水规模的改变，但当种植太多的庄稼，耗尽了土壤的营养时，也会发生土壤沙化，水分流失。

简介

水没有形状、颜色和气味，如果是纯净水，它还没有味道。由于它是透明的，我们常常很难注意到它。对人类生存而言，水是除了空气以外最重要的物质。其实所有的生物，从虫子到鲸类都需要水的正常供给。但是这存在很多的问题。有些地方由于水太多而洪水泛滥，另外一些地方又因为水太少而荒芜没有生命。很多水是脏的，带有病菌，并且传播疾病。离开水，我们就无法生存，所以我们应该更好地关心它。

水污染是个巨大的难题，它不仅导致了鱼类和其他野生生物的死亡，也污染了供给我们自己的水源。

很多发达的工业化国家有充足的水源，他们能够浪费大量的水，而不用担心什么（左图）。但是对于贫困的发展中国家的干旱地区来说，水资源就远远的不够了（右图）。对于他们来说水是极其重要而又短缺的珍贵资源，需要花费很多时间和精力才能获得。

6 水循环

水不能被创造或毁坏，同样的水在地球上已存在了几百万年，并且它随着永不止息变化着的水循环而四处流动。

太阳能

水移动是由太阳的热力而驱使的。太阳能辐射而产生的热量，使液态的水“消失”。实际上是液态的水变成了气态，即水蒸气。当太阳下的水坑变干时，我们就看到了这种现象。

以太阳为能源

水循环是以太阳散发的热能为能源的。水变热或蒸发为看不见的水蒸气进入大气中。然而，大气温度会随大气层高度的增加而逐渐降低。

在北极的冰冠、冰川以及大山顶上，水凝结成冰，但仍然在运动，只是速度很缓慢。

水汽由于重力而回到地球表面。云里的微小水滴凝结到一起，逐渐变重，最后形成雨落到地面。

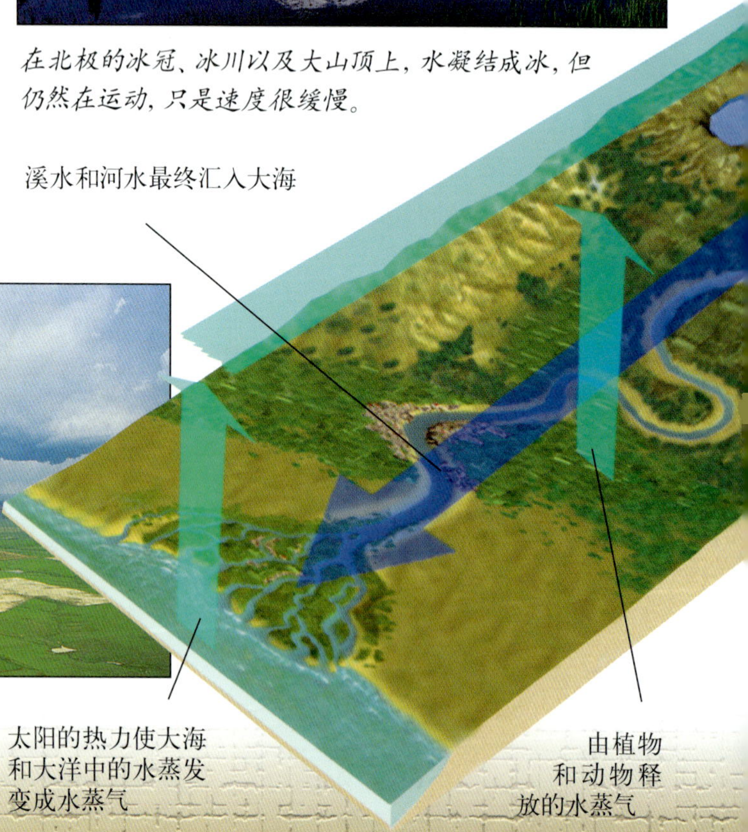

所以当水蒸气冷却，或变回液体时，就成为小水滴集成云。大的水滴落下成为雨，或凝结成冰雨、冰雹或雪，这些形式叫做降水。

热门话题

在秘鲁的大山里，雨水和融化的雪水汇成流动的河流，供给水力发电。但是全球变暖(温室气体从太阳吸收热量所致)或许意味着降雨和降雪量的减少，水力发电站可能会因河流减少而关闭。

融化的积雪汇集成低地河流

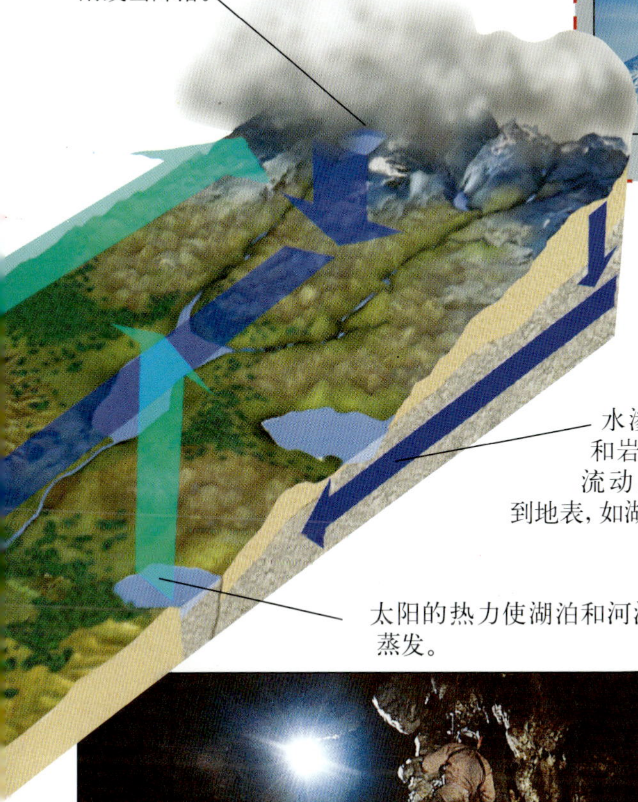

不断地循环

大部分大海和大洋表面的水变成水蒸气，但是只有水本身这样，其中溶解的盐分被留下。所以当纯净的水蒸气升到大气中时，海水依然是咸的。当水蒸气随风升高时就会冷却，并且又变回液态的水。液态的水主要以降雨的形式回到地表，流入小溪和河流，再汇入大海，如此周而复始。

我们所看到的地表淡水与渗入岩石和流淌在地下河流湖泊中的水相比只是极少的一部分。

我们的蓝色星球

水的用途

农作物和动物用水占70%

从太空望去，地球大部分被水所覆盖。但几乎所有这些水都是大海或大洋中的咸水。

淡的，没有咸味的

咸水是不能喝的，并且会杀死农作物和动物。我们需要的是含盐量和其他矿物质溶解量极少的淡水。

地球的水资源

我们的星球有充足的水，它的体积大约是1.32亿立方千米。它占了地球总重量的0.2%(1/500)，并且覆盖地球表面70%的面积。但是所有这些水中只有0.01%(1/10 000)是地表的液态的淡水，它们存在于湖泊、河流和大气中。这些水被称为可用淡水，意为它们能够被我们所利用。

咸水97.5%　　淡水2.5%　　可用淡水0.01%

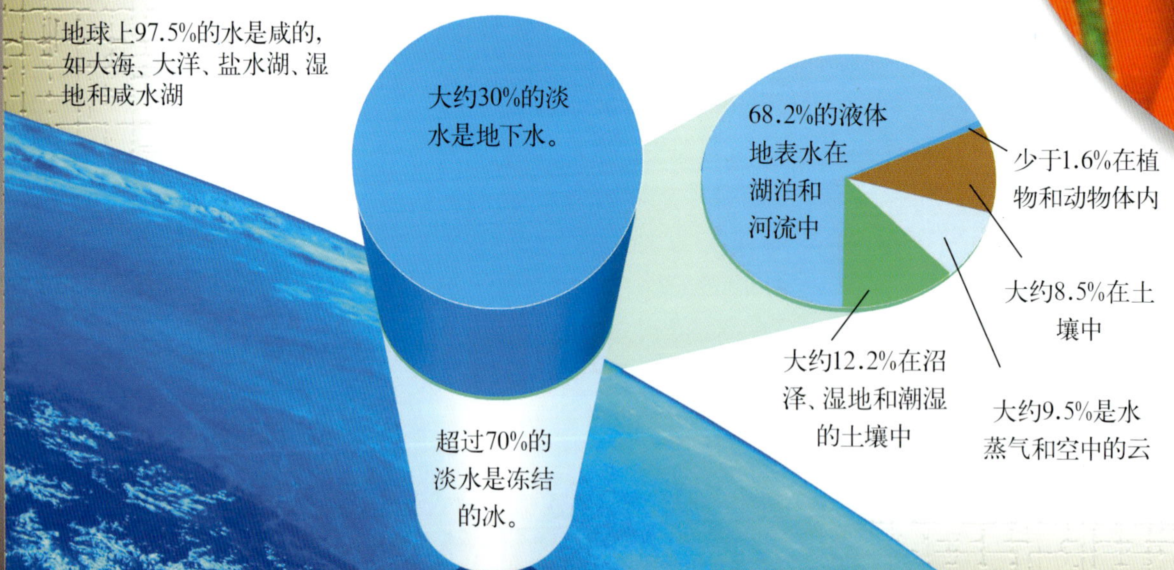

我们如何用水

家庭用水只是我们用水的极少一部分。大部分水用于沿着河道、管道和沟渠灌溉田地和温室中的农作物。水也被用来饲喂农场里的动物和清洁它们的圈舍。这些农业用水占据了全世界水资源利用的2/3以上。另外1/5的水供给了诸如造纸厂和化工厂等的工业场所。

水使扇形涡轮机快速旋转，带动发电机转动从而发电。水发电几乎提供了世界用电的1/5。

热门话题

在荒漠地区，各种用途的水源都很短缺。在干旱的土壤上种植农作物尤其困难。通常年份，多数人勉强能够耕作，但是在干旱的年份，几百万人都会死去。

没有水=没有食物

10 水资源

即使在最干旱的沙漠也会有一些水，但通常是在很深的地下。为了获取水资源，人们不得不钻挖很深的洞。相比较利用地表的水源就会容易些。

在干旱地区主要的水资源是地下蓄水层——这些疏松多孔的岩石留存了大量地下水，就像是一个石制的海绵。这些岩石层被钻机开孔就叫做地下钻井。

水在历史上扮演的角色

容易利用的地表水在世界历史上曾产生了深远的影响。大部分村镇和城市起源于河流或湖泊岸边，或在江河入海的河口处。在这里，淡水可以用来饮用、煮饭、清洗和灌溉，也能为水轮机器提供动力，还可以作为轮船和小船的航道或快速通路。

上层干旱，下层却有水：风力抽水泵将地下水泵入大的蓄水池中。这些蓄水在无风时也足够几周使用。

水和陆地

河流被它的集水区供给着。这些地区是雨、雪和其他降水汇集成小溪再流入河流的地方。湖泊则形成于陆地下沉形成的碗状区或墙壁样堤坝的后方。

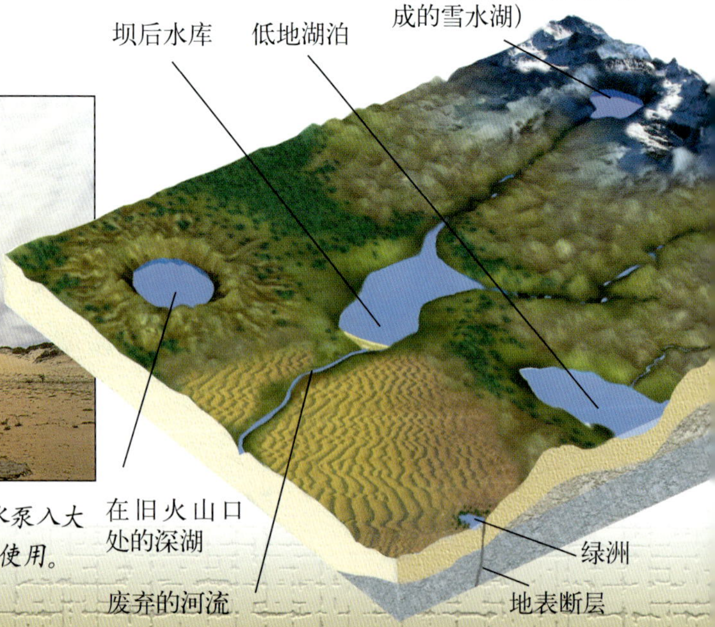

热门话题

堤坝就像穿过河流的一堵墙，阻挡了水而形成水库(即人工湖)。这些蓄水有很多用途。但是当水库蓄满水后，水就可能会淹没家园、农场甚至整个城镇。那时人们就必须搬到更高一点的地方生活了。

印度的Sardah大坝水位正在上涨

有些雨水渗透到岩石中或流到地下。这些岩石刚好被浸没或浸透的水位叫地下水位。

岩石和水

水的流动和汇集很大程度上受地表及地下岩石的影响。如果它们是可渗透的，水就可以慢慢地渗入岩石并继续向地下流动。如果是不可渗透的岩石，水从上面流过形成许多小溪（支流），最后汇聚成大的河流。

绿洲就是沙漠中的水塘，它们形成于有地下水渗出的地方，或地下岩石断层或裂隙处。

从泉眼和水井中泵水是需要能量的。这些能量可能来自于风（对面）、发动机、发电机或体力。

12 水的运输

水的运输是很困难的。它很沉，体积又大，会飞溅和晃动，还会从任何微小的裂隙或小孔中漏出。但是它也有一个有利的特征——它是流动的。

巨大的需求

在大多数地方，水需要从它的源头，例如河流、湖泊、水井和水库运输到需要的地方。一种方法是使用水容器运输，从大卡车、大水罐到木桶和水桶。但是这要花费很多时间，也会消耗大量的能量和力气。

在一些国家，安全饮用水是用特殊的容器运输的。普通的自来水不太安全。

像伦敦这样的大城市都有地下供水管道，这些管道是待修的空管道(上图)。

开放的沟渠容易使水变脏和蒸发掉。管道可以使之洁净并减少流失(下图)。

热门话题

自来水管道是房舍和建筑物的主要供水管道。它们通常位于地下，其中的水处于高压状态。管道可能因多种因素而破裂，例如冰冻、地球轻微震动或繁忙的交通。水管破裂会导致水供应中断，甚至引起局部水灾。

讨厌的“喷泉”

顺流而下

大多数发达国家的供水主要是用沟渠和管道。水由于重力的作用而流动。在一些地方，水必须使用水泵运输到高处，而后再流下来继续向前流动。

在贫穷地区，从公用水龙头或水井中打水是一项不可缺少的日常工作。所有家庭成员会轮流做这件事情。

14 家庭用水

我们打开水龙头，就有洁净的水流出来，可以安全地饮用和煮饭。但是对于世界上大约20亿人口来说，这只是一个久远奢侈的梦想。

当水资源缺乏并且需要时间和精力从水井中抽取时，人们自然就会更加在意如何有效地利用它。

很多国家用水表计量用水体积，进而向人们收费。这样可促使人们认识水的价值，并尽可能节约用水。

水的用途

水最重要的用途是饮用，单纯饮水或融入果汁、咖啡等物质中饮用。但饮用水量不足家庭用水量的1%。有些人提议采用两个供水系统——一个提供纯净水，另一个提供水质稍差但价格相对便宜的水，称为中水（下图）。

家庭用水

饮用水包括煮饭用水。工作用水是用来洗澡、洗衣服和刷盘子的水。中水是通常意义上的清洁作业、洗车、供暖系统、室内植物和花园用水。

环保行动

洗车或浇花时，打开花园的水龙头很容易。而安装一个蓄水桶收集雨水代替水龙头似乎也一样容易。并且用此法获水成本低，也比较环保。

钱在流失！

实用节水法

每个人都能节约宝贵的水资源。泡一次澡消耗80~100升水，而淋浴只需要上述用水量的1/3。标准冲洗厕所一次要用15升水，而快速冲洗厕所一次只需这个量的一半。一个滴水的水龙头一小时可以浪费一升水。洗衣机和洗碗机的节水装置能节约许多用水。

每人耗费多少水？

像美国这样的发达国家居民，每天在家用水量是一个发展中国家居民用水量的12倍。每滴水都要花费钱、时间和精力来纯化以供我们使用，并且用后还要进行处理，这会减少可用洁净水的储量。

16 看不见的水资源利用

家庭用水与水的其他消耗相比只是很小一部分。我们的衣食住行，几乎任何事情都离不开水。

比10倍还多

每件产品的制造都需要用水，从获取原料开始，到工厂加工直至运送成品到商店。我们看不见这些用水，但是这些用水可使我们个人用水量增加到原有用水量的10倍之多。

制造纸张、卡片和木板需要使用大量的水。一份小小的报纸意味着要花费30升的水。而一份厚厚的周末刊用水量可增加到200升。

电视每小时耗电需500升水

发电站需要用水来冷却高温高压的蒸汽，这些蒸汽驱使着发电机的转动。它们通常建在河流和海洋的附近。

一份报纸=30升水

一辆崭新的汽车似乎并不含多少水分。事实上它所有的生产材料和整个生产过程耗费了大量珍贵的水资源（下图）。

制造一辆汽车需要50万升水

一罐饮料花费100升水

一个铝制易拉罐所盛饮料仅约1/3升，但是制造它却用掉了300多倍的水。

多少是多？

想象如此大量的水可能有些困难。发达国家每人每天要耗费1 000多升的水，这些水重约1吨——比一辆标准家庭汽车还重。而实际上，为了造这样一辆汽车，需要花费50万升的水，足够装满一个相当大的游泳池。

热门话题

食品工业是耗水量最大的工业之一。水被用来灌溉庄稼、供动物饮用、冲洗待售的农产品。制造速食方便食品，使耗水量猛增5~10倍。一袋洗净并包装完毕的沙拉意味着要消耗满满一垃圾箱的水。

水蒸气熏蒸金枪鱼

18 污水

水龙头里的水通常是安全的，但是脏兮兮的水坑或满是泡沫的河也是安全的吗?就是看起来极其纯净、波光粼粼的水，它也可能隐含着细菌、化学药品和有毒物质。

死鱼丢弃在法国巴黎塞纳河河岸——是由大量化学物质泄漏造成的。

视觉也会骗人

水是很好的溶剂，很多物质不留痕迹地溶解于水中，使我们看不见它们。因此，看起来清澈纯净的水可能充满了细菌和毒素。世界上约有1/3的人口缺乏安全饮用水。

意大利一条洁净的河流突然间变成了一条泡沫带。灾难是由当地一家化工厂在法律允许下向这条河排放污水而引起的。

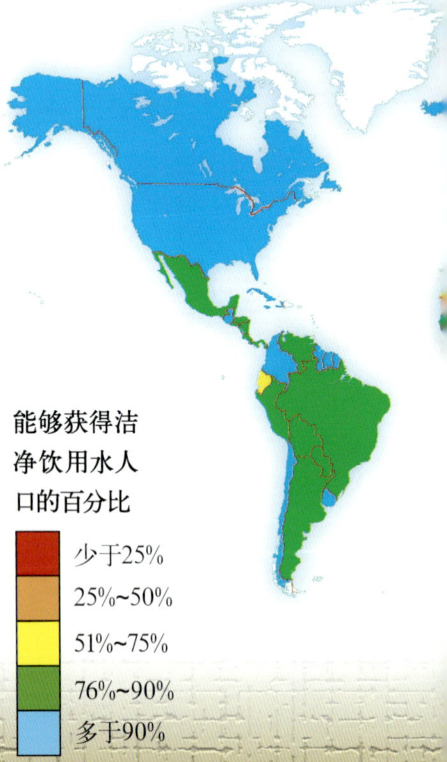

即使是从空中落下的雨水也可能不安全。这些树就是因酸雨而死。

热门话题

水中生物靠含在水中的营养物质生存。但化肥及污水中过多的营养物质可使通常稀少的微生物大量繁殖，直到难以控制。原有生态平衡被打破，引发“赤潮”，危害野生生物的生存。

美国Eyrie湖发生赤潮

全球聚焦问题

2002年，在南非的约翰内斯堡召开世界首脑会议，议题是如何能为更多的人口提供清洁用水以减少疾病的蔓延，遗憾的是没有达成最终协议。

安全饮用水

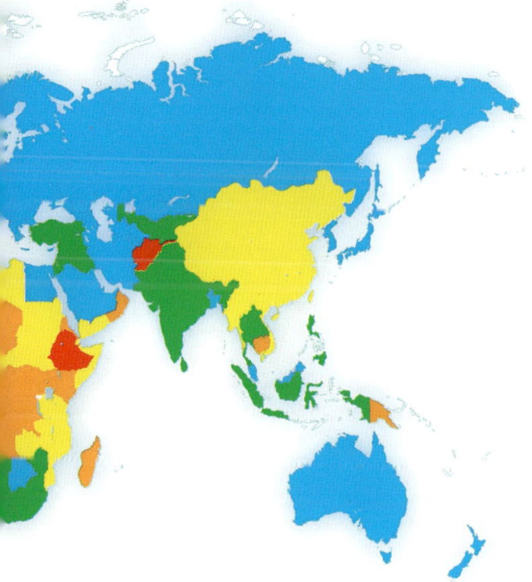

在发达的工业化国家，人们认为水清洁纯净是理所当然的。但是超过20亿的人们很难或没有途径得到安全的水去饮用和煮饭。受影响最大的地区是非洲，尤其是撒哈拉大沙漠南部，甚至污水也十分缺乏。

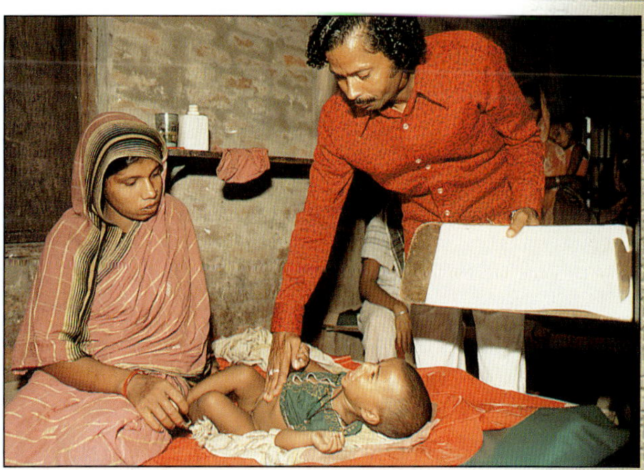

污水是霍乱、痢疾、伤寒等许多疾病的传染源。这些疾病每年可导致300万人口死亡。

20 安全饮用

处理水使它变得清洁纯净，从而安全地饮用和煮饭，这是一项繁重的工作，需要进行复杂的技术性操作。

自然净化

总的来说，井水、地下凿穿水和其他形式的地下深水比地表的湖泊河流水干净得多。这是由于水经过地下岩石慢慢渗透，除去了其中的细菌和杂质。水供给植物时也必须经过沙砾和石子的慢慢过滤。

水资源，尤其是河水，需要经常检测。在干旱的夏季，水中含有更多的天然杂质。

水的净化

供水系统在净化水时，分好几个阶段。首先将化学药品加入密闭的蓄水罐中，使水中一些杂质聚集并沉入水底。经上述过程处理过的水再缓慢地流经几层沙砾过滤层，最后再经过沙子过滤层的过滤，除去了大量的杂质，变得更加纯净。但在蓄水前，还要加入化学消毒剂杀死残余的细菌。

定期采集水样，并检测有害化学物质和细菌的含量。有害化学物质含量会因水源不同而不同，例如，井水和河水就不一样。

热门话题

在很多地区，氟被加入自来水中，来维护公共卫生。这样做并不是为了改善水质，而是为了保持我们的健康。少量的氟可使牙齿坚固和健康。

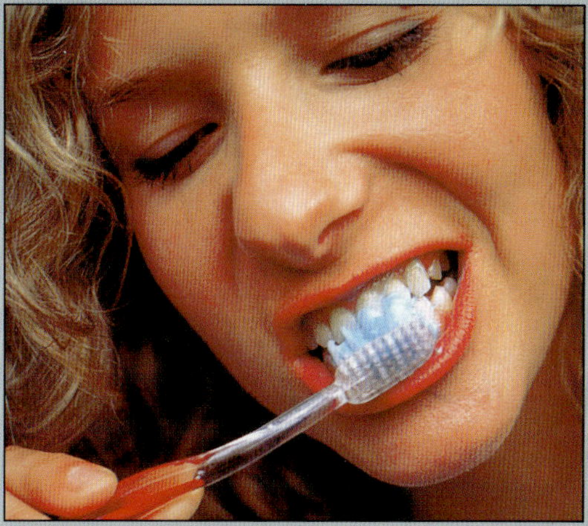

一些牙膏里添加了氟

化学药品的加入

几种化学药品会被定量加入到水中来纯化水。比如，活性炭可吸附无毒杂质，但会使水带有令人不愉快的味道和气味。氯气常常被通入到水中来杀死细菌。游泳池中的大量氯气会散发出特殊的气味。

微量的矿物质会使不同来源的水具有特殊味道。这在瓶装水中尤为显著。

22 水的净化

从下水道、排水沟或厕所流出的用过的水，不是简单地“消失”了，而是流进当地污水处理厂进行着复杂的净化处理。

芦苇和沼泽地是天然的净水系统，越来越多地被人类所利用。植物的根系不但起到过滤污水作用，还能利用水中的营养物质生长。

排放前的准备

在污水处理厂，废水中的各种固形物和化学物质被一步步地析出。经过这些处理，水足够洁净后才能流回大自然，一般是流入了河流或湖泊。

世界上约有半数的人没使用可冲刷厕所，他们使用简便坑式厕所或干脆就在地上挖个简易坑作为厕所，使用几天就换地方。

污水

在污水处理厂，污水 (1) 流经筛板去除大颗粒杂质 (2)，再经沉淀床 (3) 沉淀，析出小颗粒杂质淤泥。饲养在生物床 (4) 上的“有益”细菌和微生物杀灭了水中大量有害微生物，使水更加洁净。整个洁水过程一直伴随着圆形湿床 (5) 的轰鸣声周而复始地进行着。洁净的水流入当地河流 (6)，淤泥和其他残留物被置入分解池 (7)。它们在这里发酵，释放出可被发电站 (8) 用来燃烧发电的沼气。最终的残渣可被用来筑路、建设铁轨 (9) 或制造轮船 (10)。

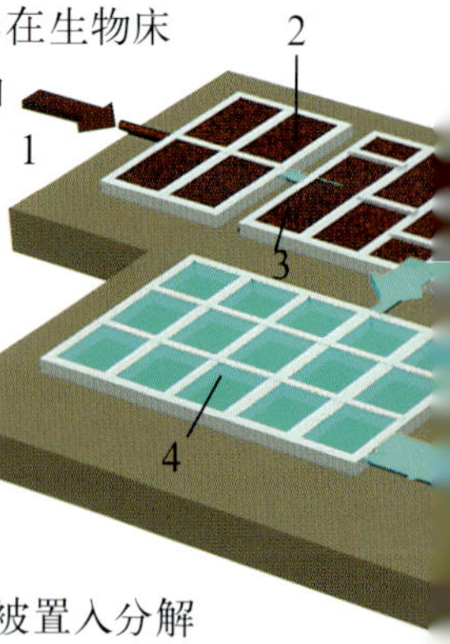

环保行动

科学家一直在尝试更新更好的净化水的方法。在滤膜装置系统中，废水通过一个特殊的膜除去杂质。这套系统建造起来很快，费用也比植物净化系统低，并且更适合少量污水的净化。

滤膜系统

多重利用

沿着河岸，分布着许多乡镇和城市。据估计，同样的水可能被汲取、利用、净化及排放六七次之多。水处理后的产物是富含矿物质和养分的淤泥和泥浆。它们发酵产生的沼气用来燃烧产生热量或能量。

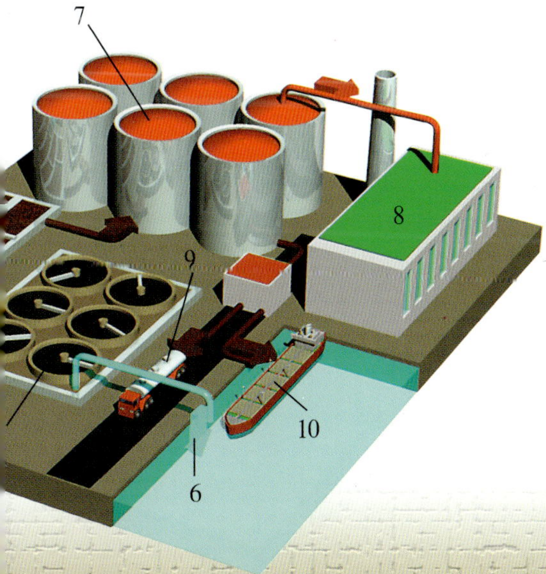

自来水及污水处理厂产出的淤泥和泥浆，可播撒到地上作为肥料，但必须去除其中的有害微生物和化学物质。

水灾

平均每年大约有1 000人因水灾而死亡。死因不是感染了水中的细菌，而是溺水身亡。全球变暖（见第7页）引起的气候变化，也会使这种可怕的灾难增加。

科学研究表明，全世界的暴风雨变得愈来愈常见和强大。高地势地区的强降雨可导致河水冲毁堤坝，就如2002年法国发生的水灾。

暴雨和洪水

几千年来，大部分地区与其当地自然降水和其他形式的水源能够和平共处。它们有足够大的河流和湖泊来蓄积突如其来的降雨，如热带雨季暴风雨。

在2000年，洪水吞没了非洲莫桑比克的大部分地区。洪水损毁了建筑物、庄稼、公路和供电网，也毁坏了农田。

树木的乱砍滥伐导致了洪水的泛滥。土壤没有了树根的固定，就很容易被雨水冲到河中，填满河道。水流不畅，就溢到了陆地。

热门话题

规律性的洪水是有利的。在中国和埃及的部分地区，泛滥的河水将富含养分的河沙冲到陆地，农作物就能在上面旺盛地生长。但是一旦建造新的堤坝和更改灌溉方案后，就会改变原有的模式。

中国北方，抗洪抢险

气候的改变

温室气体不仅使大气受到污染，同时还使全球气温升高。这些气体如同温室中的玻璃一样，从大气层中吸收着热量，有些地方不只变暖，还变得更加潮湿，导致降水模式发生改变及暴风雨的增加。这将会引发洪水灾害。

伦敦的泰晤士河屏障是指一系列能够升高的“门”。它们可以阻止高涨的潮水淹没城市。但是，由于全球变暖导致的海平面升高，或许这道屏障将再也不能够抵御高涨的潮水。

26 旱灾

沙漠是最干旱的地方，每年降雨量还不到15厘米。但是仍有一些植物、动物甚至人类在那里生存，他们设法存水并节约用水。令人难过的是太多的现代人已无法适应这种生活方式。

北美洲

北美洲五大湖拥有1/5的世界地表淡水。但是，在30年里海平面就下降了1米之多。

沙漠中的绿洲

野生动物能适应它们的生存环境。而人类正相反，他们设法改变生存环境使其适应自己的生存。在水资源稀缺的地方，人们正以几千倍于水自净的速度消耗着它。即便是在水资源充裕的一些大城市，一半以上的水也被白白地漏掉了。

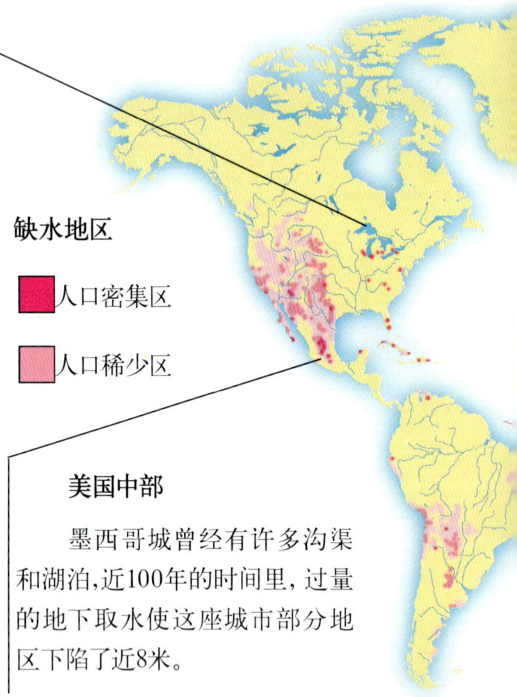

美国中部

墨西哥城曾经有许多沟渠和湖泊，近100年的时间里，过量的地下取水使这座城市部分地区下陷了近8米。

热门话题

在美国科罗拉多河上，像格伦幽谷这样的大坝和其他灌溉管道使水流量减少了9/10。野生生物栖息地发生了改变，使白鲑（仅生存于此）这样的鱼类处于灭绝的边缘。

格伦幽谷大坝

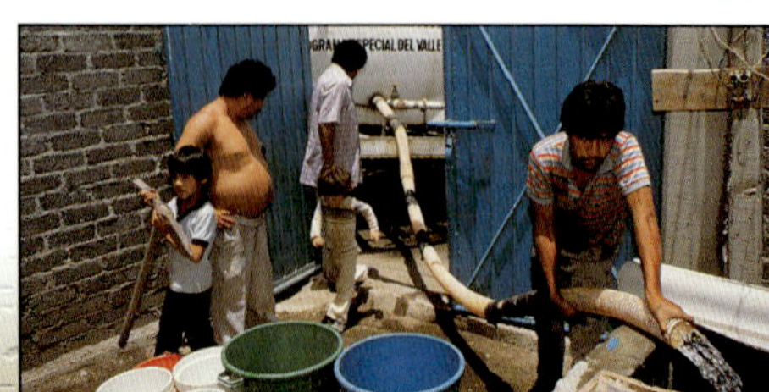

咸海

过量的水从咸水湖中运走，供给了农业和工业。在近50年里，它的海域面积缩减了一半。

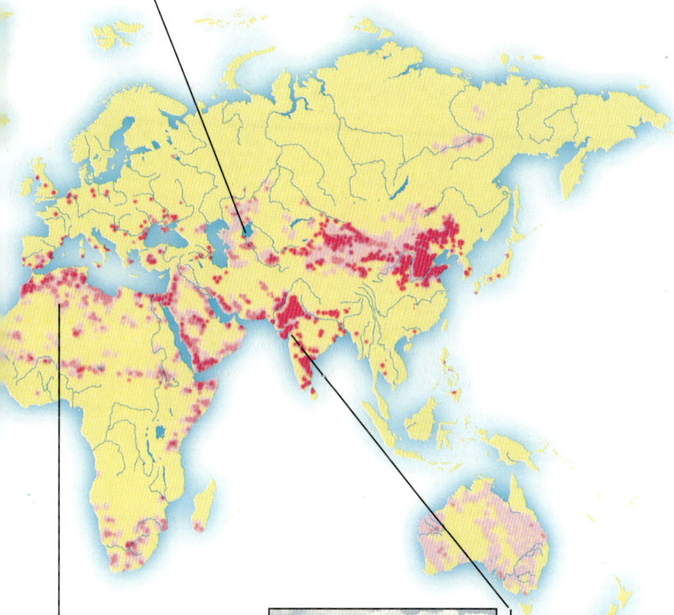

地下岩石被吸干

在干旱地区，水的最大用途是灌溉农作物。人们也想要遍布草坪树木的公园、游泳池、喷泉和高尔夫球场。这些设施用水全部来自水井和地下穿凿井。这么做是不可取的，地下岩石用了几千年才蓄积来这么多水，可用不上10年时间就会被这些穿凿井采光。

非洲

撒哈拉南部的荒漠草原地区，已经遭受了好几年的干旱，加上试图耕种太多的农作物，使土壤被沙化。

印度

每个季风季节都带来10米的降水。但是，如此多的农场和人口，其对水的需求量远超过自然降水量。

28 非传统意义上的水

传统的取水方法主要有钻井、堤坝、管道和水泵，并且在用水之前先进行纯化。这些程序已经沿袭了许多年。还有什么新技术来帮助解决水资源短缺的问题呢？

脱盐取水的方法成本较高，无论是建造管道、蓄水池，购买机器都需要大量资金。

空气取水

一些地方地表水很少，但是空气中的水很多，例如大雾和薄雾。在采集雾时，网状大被单被置于两个高高的竿之间，飘动在大雾中。大量的微小水滴聚合成为大水滴，落到下面的水渠里。

在智利一个叫做楚功沟的偏僻的小村庄，开发了一种收集雾水的装置。近百个大雾采集器平均每天能收集近40升水，足够一个人使用一天。在此之前，每人可用的数量是15升。

热门话题

极地冰川是由积雪形成的。它融化时会释放出相对纯净的水。巨大的冰川能够被卫星照片定位，在海底用缆索系住冰川后，用船将其拉到温暖区域，在那里冰川融化，水被收集起来。

格陵兰岛附近被俘获的冰川

脱盐取水

当阳光温暖大海时，水蒸气就会蒸发，遇冷凝结成水。据此，人们就有了脱盐取水的想法。海水在巨大的管道或水塔里被加热，产生的水蒸气被收集，经冷却后凝结成水滴，洁净的淡水就这样产生了。在这项工序里，咸水的供应不受任何限制，水源成本较低。但是建造脱盐取水设备的原材料以及加热海水所需的能源会使该法取水成本大大增加。脱盐取水的方法在沙漠和海洋接壤的地方很有用，因为在那里石油等能源可能会很丰富。

可以人工降雨吗？

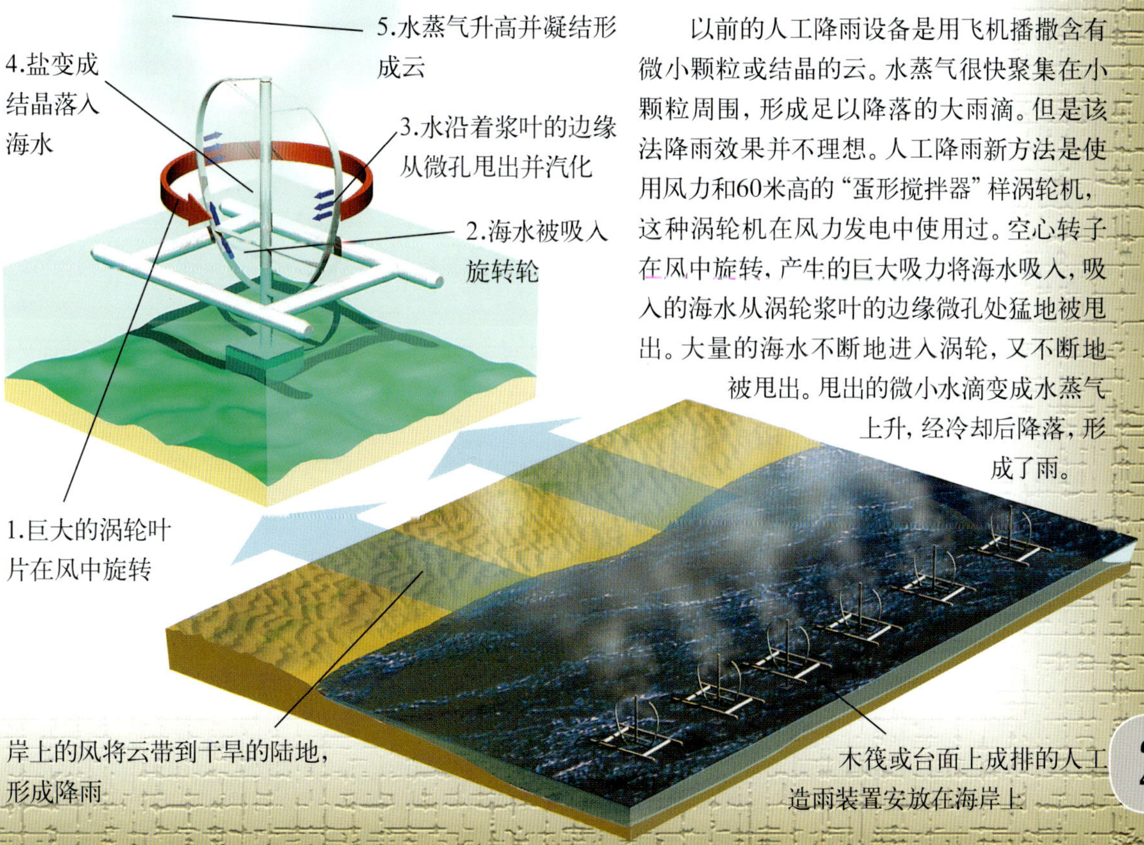

以前的人工降雨设备是用飞机播撒含有微小颗粒或结晶的云。水蒸气很快聚集在小颗粒周围，形成足以降落的大雨滴。但是该法降雨效果并不理想。人工降雨新方法是使用风力和60米高的“蛋形搅拌器”样涡轮机，这种涡轮机在风力发电中使用过。空心转子在风中旋转，产生的巨大吸力将海水吸入，吸入的海水从涡轮浆叶的边缘微孔处猛地被甩出。大量的海水不断地进入涡轮，又不断地被甩出。甩出的微小水滴变成水蒸气上升，经冷却后降落，形成了雨。

30 水的未来

随着人类用水的增多，世界变得更加干涸。未来30年，水的耗竭将使一半即超过30亿的人口面临严重缺水。

绿色用水

现在，数以亿计的人不得不使用脏水来洗衣、煮饭和饮用。水传播的疾病每分钟就可杀死6个人。战争就多发于水资源充裕的地区。事实上你也可以做一些事情来减少水资源浪费。比如洗澡选择淋浴而放弃泡澡、关紧水龙头或做一张海报参加宣传，鼓励更多的人减少对水资源的浪费。

词汇表

集水区 catchment area

为河流聚集雨水或其他形式水源的陆地。

凝结 condense

水蒸气冷却变成液态。

干旱 drought

长期缺雨或缺水。

蒸发 evaporate

水加热变成水蒸气的过程。

水力发电 hydroelectricity

水流动产生的能量可用来发电。水力发电厂通常建在跨河大坝上。

灌溉 irrigate

从河流、湖泊、水井或其他水源取水，供给农作物或其他植物。

绿洲 oasis

沙漠中一小块有水的地方。水通常从地下渗出，供植物生长，动物和人类饮用。

滤器 porous

一个具有像洗澡用的海绵或特殊岩石微小孔洞样的装置，允许水缓慢渗透或流过。

降水 precipitation

从空中降到地面的各种形式的水，包括雨、冰雹、冻雨、雪、露水、大雾、薄雾和霜等。

水库 reservoir

一个人工湖，通常建在大坝后面的河谷里，水常常汇入这里。

水蒸气 water vapour

水的气态形式，不可见，和其他气体混存于空气中。

32 索引

暴风雨………… 24, 25
报纸………………… 16
冰………… 6, 8, 28
冰川………………… 6
薄雾(fog) …… 28, 31
薄雾(mist) … 28, 31
赤潮………………… 19
大海………… 6–8, 29
大洋……………… 6–8
淡水…………………
……… 7, 8, 10, 26, 29
地下水 ……… 8, 10, 11
地下水位 …………… 11
地下蓄水层 ………… 10
电… 7, 9, 16, 22, 27, 31
干旱………… 9, 27, 31
格伦幽谷大坝 ……… 26
供水…………… 13, 20
工业………… 9, 17, 27
灌溉… 9, 17, 25–27, 31
河流……………… 6, 7
洪水………… 5, 24, 25
化学药品 ……18, 20, 21
活性炭……………… 21
疾病………… 5, 19, 30
降水………… 7, 10, 31
淋浴………………… 15
轮船………………… 10
氯气 ……………… 21
绿洲…… 10, 11, 26, 31
泡澡…………… 15, 30
瓶装水……………… 21
气候变化 …………4, 24
全球变暖 …………7, 24
人工降雨 …………… 29
三峡………………… 27
水的净化……… 22, 23
水井… 11, 12, 14, 27, 31
水库…………10–12, 31
水轮机器 …………… 10
水循环…………… 6, 7
水蒸气…… 6, 7, 29, 31
酸雨………………… 19
泰晤士河屏障 ……… 25
太阳……………… 6, 7
土壤……… 4, 7, 25, 27
脱盐取水……… 28, 29
温室气体 …………… 25
污染……………5, 25
污水……… 19, 22, 23
细菌…………18, 20, 21
咸水……………8, 29
小船………………… 10
雪…………7, 10, 28, 31
野生生物…… 5, 19, 26
饮用水………12, 14, 18
鱼…………… 5, 18, 26
雨季………………… 24
云…………………6, 7, 29
植物………… 6, 8, 26
自来水 ……………… 12